华南区域气候变化评估报告:2020

决策者摘要

《华南区域气候变化评估报告:2020》编写委员会 编

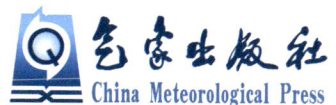

图书在版编目(CIP)数据

华南区域气候变化评估报告：2020决策者摘要 /
《华南区域气候变化评估报告：2020》编写委员会编. —
北京：气象出版社，2021.7
　　ISBN 978-7-5029-7452-7

　　Ⅰ.①华…　Ⅱ.①华…　Ⅲ.①气候变化-研究报告-华南地区-2020　Ⅳ.①P468.26

中国版本图书馆 CIP 数据核字(2021)第 102967 号

华南区域气候变化评估报告：2020　决策者摘要

Huanan Quyu Qihou Bianhua Pinggu Baogao：2020　Juecezhe Zhaiyao

---

出版发行：气象出版社			
地　　址：北京市海淀区中关村南大街46号		邮政编码：100081	
电　　话：010-68407112（总编室）　010-68408042（发行部）			
网　　址：http://www.qxcbs.com		E-mail：qxcbs@cma.gov.cn	
责任编辑：陈　红		终　　审：吴晓鹏	
责任校对：张硕杰		责任技编：赵相宁	
封面设计：艺点设计			
印　　刷：北京建宏印刷有限公司			
开　　本：889 mm×1194 mm　1/16		印　　张：2	
字　　数：45千字			
版　　次：2021年7月第1版		印　　次：2021年7月第1次印刷	
定　　价：30.00元			

本书如存在文字不清、漏印以及缺页、倒页、脱页等，请与本社发行部联系调换

主要作者

杜尧东	广东省气象局
张　羽	广东省气象局
陆　虹	广西壮族自治区气象局
张京红	海南省气象局
段海来	广东省气象局
罗晓玲	广东省气象局
刘　畅	广东省气象局
何　健	广东省气象局
李艳兰	广西壮族自治区气象局
张亚杰	海南省气象局
黄存瑞	中山大学
胡　飞	华南农业大学
王　晶	广东海洋大学
伍红雨	广东省气象局
胡娅敏	广东省气象局
杜家铭	广东省气象局
郝全成	广东省气象局
陈卓煌	广东省气象局
何　慧	广西壮族自治区气象局
何洁琳	广西壮族自治区气象局
陈思蓉	广西壮族自治区气象局
张明洁	海南省气象局
车秀芬	海南省气象局
黄海静	海南省气象局
杨　静	海南省气象局

评审专家

丁一汇　国家气候中心
翟盘茂　中国气象科学研究院
巢清尘　国家气候中心
袁佳双　中国气象局科技与气候变化司
任国玉　国家气候中心
刘洪滨　国家气候中心
吴绍洪　中国科学院地理科学与资源研究所
居　辉　中国农业科学院农业环境与可持续发展研究所
孙　洪　中国21世纪议程管理中心

序 言

当前全球气候系统正经历着以变暖为主要特征的显著变化,气候风险持续上升,对全球经济社会发展造成深远影响。同时,世界百年未有之大变局正进入加速演变期,全球性挑战日益上升,气候治理进程更加复杂。中国人口众多,气候条件复杂,生态环境脆弱,极易受到气候变化的不利影响。中国政府高度重视应对气候变化工作,采取强有力的政策措施,在有效控制温室气体排放、增强适应气候变化能力等领域取得了积极成效。2020 年 9 月 22 日,习近平主席在第 75 届联合国大会一般性辩论上提出"中国将提高国家自主贡献力度,采取更加有力的政策和措施,二氧化碳排放力争 2030 年前达到峰值,努力争取 2060 年前实现碳中和",更加坚定了中国走绿色低碳道路的信心和决心。

科学评估并准确辨识气候变化及其影响,是应对气候变化工作的基础。中国气象局作为基础性科技部门,先后两次组织开展了区域气候变化评估报告编制工作。第二次区域气候变化评估工作于 2017 年启动,覆盖华北、东北、华东、华中、华南、西南、西北和新疆八个区域,力求在区域层面更加详尽地反映国内气候变化最新研究进展,提升区域应对气候变化科技支撑能力。

华南区域地处热带和亚热带,濒临南海,经济发达,人口集中,经济发展战略地位凸显。"十四五"期间,华南区域面临着建设粤港澳大湾区和中国特色社会主义先行示范区、构建面向东盟的国际大通道、建设海南自由贸易港等重要战略机遇。华南区域同时也是气候变化影响的敏感区和脆弱区,特别是沿海地区更易受到热带气旋、强降水、洪涝灾害、高温热浪、雷电和海平面上升的直接威胁,城市发展与节能减排、低碳发展与适应气候变化等面临更大挑战。

在广东省、广西壮族自治区和海南省气象部门科技人员的共同努力下,历时三年完成的《华南区域气候变化评估报告:2020 决策者摘要》即将付梓出版。决策者摘要分析了华南区域气候变化的基本事实和未来趋势,评估了气候变化对珠江口咸潮上溯、南海岛礁安全、华南区域人群健康、华南区域旅游发展的影响,提出了应对策略和措施选择,以期为促进区域经济社会可持续发展,切实发挥气象部门保障作用。在此,我将本决策者摘要推荐给各级政府决策部门、科技人员以及关心区域气候与环境问题的广大读者,并向为决策者摘要出版做出贡献的科技人员表示衷心感谢!

中国气象局党组书记、局长

2021 年 1 月

目 录

序言

1 引言 ……………………………………………………………………………………（1）
    1.1 意义、范围和结构 ……………………………………………………………………（1）
    1.2 资料和方法 ……………………………………………………………………………（1）

2 气候变化观测事实 ………………………………………………………………………（3）
    2.1 基本气候要素变化 ……………………………………………………………………（3）
    2.2 极端天气气候事件变化 ………………………………………………………………（4）

3 未来气候变化和风险 ……………………………………………………………………（7）
    3.1 未来气候变化趋势 ……………………………………………………………………（7）
    3.2 未来极端天气气候事件变化 …………………………………………………………（8）
    3.3 未来海平面上升幅度 …………………………………………………………………（9）

4 气候变化对珠江口咸潮上溯的影响 ……………………………………………………（10）
    4.1 影响和风险 ……………………………………………………………………………（10）
    4.2 应对策略和措施选择 …………………………………………………………………（11）

5 气候变化对南海岛礁安全的影响 ………………………………………………………（13）
    5.1 影响和风险 ……………………………………………………………………………（13）
    5.2 应对策略和措施选择 …………………………………………………………………（14）

6 气候变化对华南区域人群健康的影响 …………………………………………………（15）
    6.1 影响和风险 ……………………………………………………………………………（15）
    6.2 应对策略和措施选择 …………………………………………………………………（16）

7 气候变化对华南区域旅游发展的影响 …………………………………………………（17）
    7.1 影响和风险 ……………………………………………………………………………（17）
    7.2 应对策略和措施选择 …………………………………………………………………（18）

附录 重要概念 ……………………………………………………………………………（19）
致谢 ………………………………………………………………………………………（21）

1 引 言

1.1 意义、范围和结构

全球气候变化深刻影响人类的生存和发展，国际社会正共同努力，携手应对气候变化。科学评估气候变化及其影响是客观认识、有效应对气候变化的基础。联合国政府间气候变化专门委员会(IPCC)编制了五次气候变化评估报告、我国先后完成了三次《气候变化国家评估报告》、华南区域2012年完成的第一次《华南区域气候变化评估报告》，为全球、全国和区域应对气候变化，促进经济社会可持续发展提供了重要的科学基础。

华南区域包括广东省、广西壮族自治区、海南省，地处热带和亚热带，濒临南海，经济发达，人口集中，战略设施多，受气候变化影响明显。在中国气象局的统一部署下，于2017年启动了《华南区域气候变化评估报告：2020》（以下简称《报告》）的编写工作。《报告》基于科学分析，系统梳理国内外关于华南区域的相关研究成果，凝练出重要的区域气候变化分析和评估结论，旨在为华南区域各级政府应对气候变化提供科技支撑。

《华南区域气候变化评估报告：2020 决策者摘要》（以下简称《决策者摘要》，SPM）根据《报告》的主要科学结论凝练而成。《决策者摘要》共分7章，第1章为引言，介绍《决策者摘要》采用的资料和方法；第2~3章为科学基础分析，包括基本气候要素变化事实分析、极端天气气候事件变化事实分析、华南区域未来气候变化预估、华南区域未来气象灾害风险预估；第4~7章为专题影响评估，分别评估了气候变化对珠江口咸潮上溯、南海岛礁安全、华南区域人群健康、华南区域旅游发展的影响。段落后"{ }"中的内容分别表示详细内容在《报告》中的章节出处，本《决策者摘要》中的图表序号。

1.2 资料和方法

（1）资料

①从华南区域196个气象站中选取通过均一性检验的110个站1961—2017年观测资料；

②1961—2005年华南区域空间分辨率为0.5°×0.5°的温度日值格点数据集；

③1961—2005年华南区域空间分辨率为0.5°×0.5°的地面降水日值格点数据集；

④区域气候模式(RegCM4.4)在中等温室气体排放情景RCP4.5下华南区域气候变化预估数据；

⑤IPCC共享社会经济路径(SSPs)下2010—2050年华南区域人口和经济数据。

(2) 分析方法

①采用气候资料序列均一性检验方法，以消除站点迁移影响；

②采用统计方法分析基本气候要素、极端气候事件随时间变化的线性趋势和程度，通过信度95%检验为显著，否则为不显著；

③利用区域气候模式(RegCM4.4)数据，对比分析1986—2005年模式模拟、观测数据时间序列、空间分布场，评估模式的可用性，并预估未来华南区域温度、降水变化；预估分析的基准期为1986—2005年，未来预估时段分别为近期(2020—2035年)、中期(2046—2065年)和21世纪末(2081—2100年)；

④按照"风险＝致灾危险度×承灾体易损度"的风险评估模型，对赋予不同权重的致灾危险度和承灾体易损度进行加权综合评价，开展2021—2050年华南灾害风险度的空间分布研究。

(3) 评估方法

采用文献评估的方法，综合、归纳了截至2017年国内外有关华南区域历史时期气候变化、珠江口咸潮、南海岛礁安全、人群健康、旅游发展的350余篇公开发表的文献成果。

针对《决策者摘要》的分析和预估结论，按照IPCC信度表述方法，给予了高信度、中等信度、低信度三个等级的信度评估。信度等级愈高，表示评估的结论愈可靠。

专栏1：不确定性和信度说明

在气候变化研究和评估过程中，不确定性的表述方式一般归纳为两类，第一类是半定量或定性表述，即基于多源数据或结论，给出对应于评估结果及其可靠性的判断；第二类是采用量化指标进行定量表述，即除了给出估算的数值外，还给出利用统计方法计算得到的该数值的置信区间，其中置信区间体现着该数值的不确定性。

参考IPCC第五次评估报告和相关研究，本报告对不确定性的表述主要采用第一类方法，即基于证据的类型、数量、质量和一致性(如对机理的认识、理论、数据、模式、专家判断)，以及反映学术界共识的程度，以高信度、中等信度、低信度表示评估结论的可靠性。

2 气候变化观测事实

2.1 基本气候要素变化

气温显著上升,区域上粤东和珠江三角洲最明显,季节上秋季最明显(高信度)。 1961—2017年,华南区域年平均气温升温速率约为0.17 ℃/10年。20世纪80年代中期之前气温偏低,80年代中期以后气温呈明显的上升趋势。从地域分布看,粤东、珠江三角洲是主要升温区域,升温速率在0.3 ℃/10年以上;海南为0.2 ℃/10年;广西和广东北部地区增温速率较小,在0.14 ℃/10年以下。从季节特征看,秋季平均气温的上升趋势最为明显,升温速率达0.22 ℃/10年,冬季次之,升温速率为0.2 ℃/10年,春季和夏季较小,升温速率分别为0.13 ℃/10年和0.12 ℃/10年。{2.1,图SPM.1}

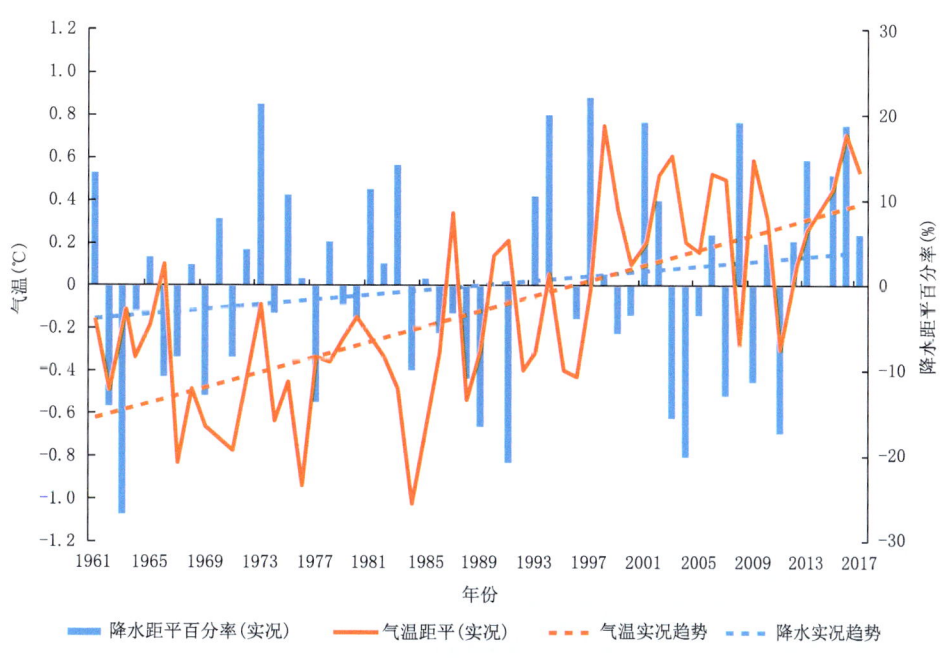

图SPM.1 1961—2017年华南区域年平均气温距平、降水距平百分率变化
(相对于1981—2010年平均气温21.5 ℃,降水量1677.1毫米)

降水量整体变化不显著但空间差异明显,降水日数减少但日平均降水强度增强(高信度)。1961—2017 年,华南区域年降水量变化趋势不显著,但有明显的年代际变化,20 世纪 60 年代、80 年代、21 世纪初期降水偏少,20 世纪 70 年代、90 年代中期降水偏多。从地域分布看,年降水量除广东中部偏西地区、粤东北、桂西地区呈减少趋势外,大部地区呈增加趋势,珠江三角洲、粤西北和粤东南局部、海南大部及广西南部沿海等地年降水量增加速率在 40 毫米/10 年以上。从汛期降水分布看,后汛期(7—9 月)降水量上升速率大于前汛期(4—6 月)。华南区域降水日数以 3.81 天/10 年的速率呈显著的减少趋势,但日平均降水强度呈弱的增加趋势,尤其是 20 世纪 90 年代以来增强趋势明显。{2.2,图 SPM.1,图 SPM.2}

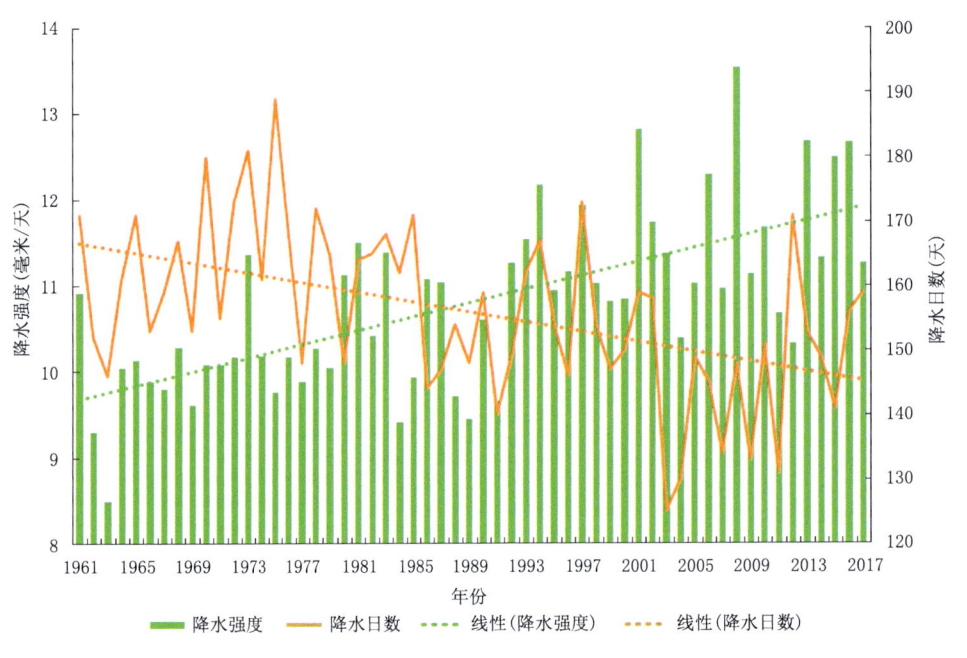

图 SPM.2　1961—2017 年华南区域降水强度和降水日数变化

日照、风速和蒸发皿蒸发量均呈显著下降趋势,云量没有显著的线性变化趋势(高信度)。1961—2017 年,华南区域日照时数以 41.81 小时/10 年的速率显著减少,20 世纪 90 年代以来减少尤为迅速,大部分地区均呈一致性减少趋势。年平均风速呈显著下降趋势,2005 年以前,年平均风速呈减小趋势,但 2005 年以来,以 0.18(米/秒)/10 年的速率显著上升。蒸发皿蒸发量以 64.61 毫米/10 年的速率显著下降。总云量线性变化趋势不显著。{2.3,2.4,2.5,2.6}

2.2　极端天气气候事件变化

高温日数显著增加,低温日数显著减少,暴雨事件极端性增加(高信度)。1961—2017 年,华南区域日最高气温≥35 ℃的高温日数以 2.1 天/10 年的速率显著增加,尤其是珠江三角洲增加更为明显;平均最高气温、极端最高气温均呈显著的上升趋势(分别为 0.26 ℃/10

年、0.24 ℃/10 年),20 世纪 80 年代末期以来上升更加明显。日最低气温≤5℃的低温日数以 1.40 天/10 年的速率显著减少,越向北减少程度越大;平均最低气温、极端最低气温均呈一定的上升趋势(分别为 0.25 ℃/10 年、0.47 ℃/10 年);但是,20 世纪 90 年代以来,冬季气温变率增大,阶段性降温事件增多,低温灾害加重。期间,华南发生了 5 次严重冬季寒害,占 20 世纪 50 年代以来严重寒害次数的 62.5%。2008 年初的低温雨雪冰冻灾害,其持续时间之长、平均气温之低、影响范围之广均为历史罕见。日降水量≥50 毫米的暴雨日数和暴雨降水量、暴雨强度均呈弱的增加趋势,年均暴雨日数上升速率为 0.20 天/10 年,年均暴雨降水量上升速率为 18.8 毫米/10 年,年均暴雨强度上升速率为 0.34(毫米/天)/10 年,其中以海南、两广北部和粤东南部分地区最为明显。{3.1,3.2,3.3}

登陆热带气旋个数略为减少,但强度增强,登陆位置北移(高信度)。 1951—2017 年,登陆华南区域的热带气旋个数每年平均为 5.51 个,以 0.38 个/10 年的速率呈弱的下降趋势。但是,华南热带气旋逐年登陆时的最低气压呈弱的下降趋势,表明登陆热带气旋的强度有所增强。华南热带气旋登陆地点最南位置以 10 千米/10 年的速度向北移动,而最北位置没有显著变化,登陆范围向北纬 20°~23°区间汇集。{3.4,图 SPM.3}

极端天气气候灾害典型案例。 21 世纪以来,多次发生的极端天气气候事件造成灾害加重,经济损失和人员伤亡巨大,大自然不断向人类敲响警钟。{3.2,3.5,表 SPM.1}。

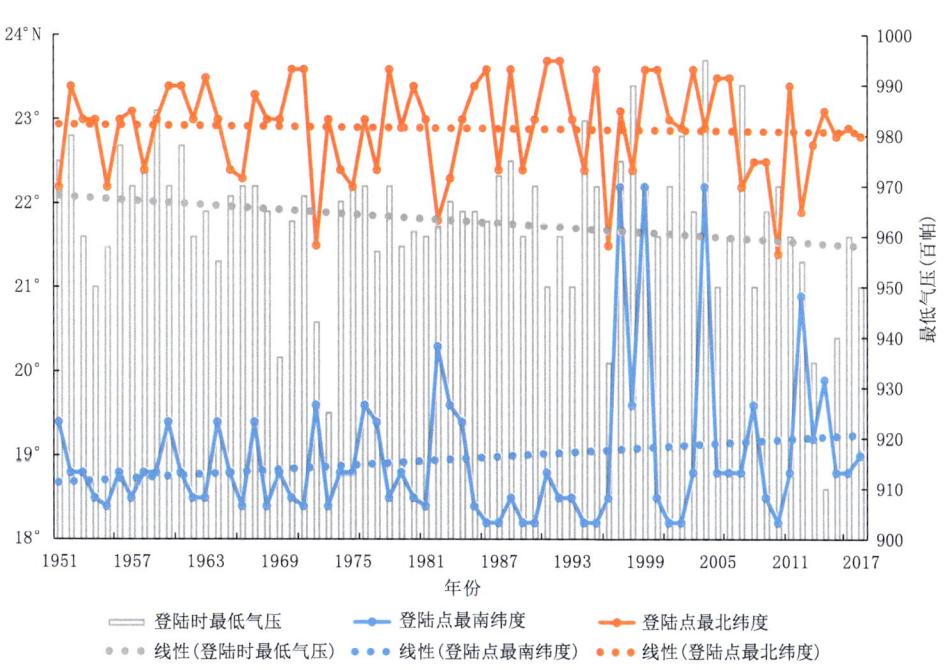

图 SPM.3　1951—2017 年华南区域热带气旋登陆点最北、最南纬度及登陆时最低气压变化

表 SPM.1　21世纪以来华南区域极端天气气候灾害典型案例

灾害种类	典型案例	灾害影响
台风	2014年7月超强台风"威马逊"三次登陆华南,登陆时中心气压910百帕,为1949年以来全国台风登陆时最低中心气压。	华南三省(区)直接经济损失超过416亿元,死亡超过35人。
	2018年9月超强台风"山竹"登陆珠三角,登陆时中心附近最大风力14级,带来历史罕见风雨浪潮影响。	广东省直接经济损失144.7亿元,死亡5人。
暴雨	2013年8月14—18日,广东平均雨量266.8毫米,近9成乡镇出现暴雨,是广东1951年以来最极端的一次降水过程。	广东直接经济损失169亿元,死亡55人,失踪4人。
	2018年8月底至9月初的持续性强降水过程,造成珠三角和粤东部分地(市)遭受严重洪涝灾害,8月30日05时到31日05时,广东省惠东县高潭镇降雨量1056.7毫米,刷新广东日雨量极值,也创下中国大陆非台风降水日雨量极值。	广东直接经济损失63.81亿元,死亡2人。
高温热浪	2004年6月27日至7月3日,广州遭遇历史罕见的持续高温天气,最高气温连续7天超过35 ℃,连续3天超过38 ℃,最高气温达39.1 ℃。	广州市39人因高温热浪中暑死亡。
低温冰冻	2008年年初,华南遭遇罕见低温雨雪冰冻灾害,低温持续长达32天,平均气温较常年同期偏低4.0 ℃,雨水较常年同期偏多1倍。	华南三省(区)直接经济损失超过330亿元。
	2016年1月22—26日,广东遭遇强寒潮天气,全省24个县(市)气温跌破历史极值,降雪突破了1951年以来的最南界,广州市区出现降雪奇观。	广东直接经济损失达61.0亿元。
干旱	2009年9月至2010年4月,广西遭遇罕见夏秋冬春连旱,干旱长达8个多月,范围波及广西全区,其中43%的面积达到特旱、重旱等级。	广西直接经济损失超过33亿元。

3 未来气候变化和风险

3.1 未来气候变化趋势

中等排放情景下,华南区域地表气温将继续上升(高信度),降水量呈增加趋势(中等信度)。区域气候模式 RegCM4.4 在 RCP4.5 中等温室气体排放情景下预估表明,与 1986—2005 年的 20 年平均值相比,华南区域年平均气温近期可能增高 1.4 ℃,中期可能增高 2.1 ℃,21 世纪末可能增高 2.9 ℃;区域年降水量呈增加趋势,近期、中期、21 世纪末华南区域年平均降水量可能分别增加 21.2%、14.6%、19.1%。在全球升温 1.5 ℃(相对于当前 0.9 ℃)和 2 ℃(相对于当前 1.4 ℃)情况下,华南区域地表气温分别较 1986—2005 年平均值上升 1.4 ℃和 1.5 ℃;降水分别较 1986—2005 年平均值上升 25.0%和 19.1%。{5.4,5.5,图 SPM.4}

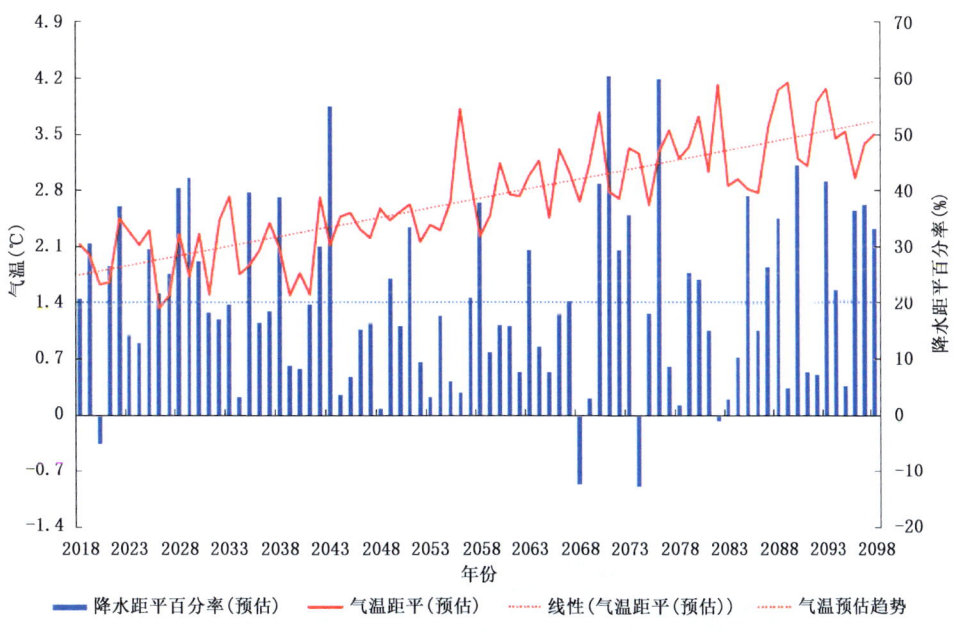

图 SPM.4　2018—2098 年预估的华南区域平均气温距平、降水距平百分率变化
(相对于 1986—2005 年基准期平均气温 21.2 ℃,降水量 1954.1 毫米)

> **专栏 2：排放情景和气候模式说明**
>
> 1. 排放情景
>
> 利用气候模式预估未来全球和区域气候变化，需要基于对未来温室气体、气溶胶和化学活性气体的浓度以及土地利用/土地覆盖状况的估算，即排放情景。排放情景源于一系列对未来全球经济社会发展路径的假设，涵盖人口增长、经济发展、技术进步、环境变化、全球化、公平原则等方面。典型浓度路径（RCP）即由多种未来发展路径构建的排放情景系列之一，其中RCP2.6代表低排放情景——有三分之二可能性将21世纪末全球变暖控制在 2.0 ℃以内（与工业化前相比，下同）；RCP8.5代表高排放情景——全球不采取任何应对气候变化政策措施，从而导致大气中温室气体浓度持续大幅增长，到21世纪末全球变暖程度可能达到 3.2～5.4 ℃；RCP4.5 和 RCP6.0 代表中等排放情景，对应于中等温室气体排放，到21世纪末全球变暖程度分别为 1.7～3.2 ℃ 和 2.0～3.7 ℃。本次评估主要采用 RCP4.5 中等排放情景。
>
> 2. 气候模式
>
> 根据基本的物理定律，确定能够反映气候系统中各个分量演变特征的数学方程组，并将其在计算机上实现程序化后，就构成了气候模式。气候模式可以用来描述气候系统、系统内部各个组成部分及各个部分之间、各个部分内部子系统之间复杂的相互作用，已经成为认识气候系统行为和预估未来气候变化的定量化研究工具。
>
> 3. 共享社会经济路径（SSPs）
>
> SSPs反映了不同发展路径的选取对社会经济的影响，可以动态描述气候变化影响、适应和减缓的综合联系。SSP1是一个实现可持续发展、气候变化挑战较低的路径。SSP2是中间路径，面临中等气候变化挑战。SSP3是区域竞争路径，面临高的气候变化挑战。SSP4是不均衡路径，以适应气候变化挑战为主。SSP5是一个以传统化石燃料为主的发展路径，以减缓气候变化挑战为主。

3.2 未来极端天气气候事件变化

未来极端高温和降水事件将会更多地影响华南区域（高信度）。 RCP4.5中等温室气体排放情景下，未来华南区域年高温日数（日最高气温≥35 ℃天数）呈明显增加趋势；与1961—1990年平均值相比，21世纪末年平均高温、暖日、暖夜日数分别增加14.4天、15.3天、31.2天，广西南部、海南中部和广东西部增加明显。与1961—1990年平均值相比，21世纪末华南地区平均极端降水事件日数增加1.6天，极端降水量增加181.4毫米，季节上以7月和9月增加最明显，区域上以广西南部增加最明显。未来小雨、中雨、大雨降水将会减少，而暴雨和大暴雨降水将会增加，最长连续无雨日数也将增加。结合IPCC共享社会经济路径(SSPs)下未来华南人口和经济发展情景,2050年前后,高温、洪涝灾害高风险等级区域将扩展到珠三角地区。{6.4,6.5}

3.3 未来海平面上升幅度

未来华南沿海海平面将继续上升(高信度)。RCP4.5中等温室气体排放情景下预估表明,与1986—2005年平均值相比,21世纪末南海海平面将上升486.0毫米。根据2018年《中国海平面公报》给出的预测结果,未来30年南海海平面较2017年将上升70.0~170.0毫米,广东、广西、海南沿海海平面较2017年分别上升70.0~175.0毫米、55.0~135.0毫米、75.0~180.0毫米,属"涨幅"最大地区之一。{9.3.1}

4
气候变化对珠江口咸潮上溯的影响

咸潮是发生在河口地区(河流和海洋交汇处)的一种水害。近年来,珠江口咸潮上溯已成为制约珠三角地区经济发展的一大因素,而且有越来越严重的态势。气候变暖加剧海平面上升,改变大气降水的时空格局。评估气候变化对珠江口咸潮上溯的影响,对遏制珠江口咸潮,保障珠三角用水安全,助力粤港澳大湾区建设具有重要意义。

4.1 影响和风险

受全球气候变暖引发的流域干旱、径流量减少、海平面上升、用水增加和生态环境破坏等因素的影响,**20 世纪 90 年代以来,珠江口咸潮活动越来越频繁,持续时间增加,上溯距离越来越大,影响范围越来越广(高信度)**。1959 年以来,珠江口共发生 13 次灾害性咸潮,有 10 次发生在 20 世纪 90 年代之后,这 10 次咸潮分别袭击了广州、中山、深圳、珠海、澳门等地,城市供水受到较大影响。1996 年以前,珠江口咸潮活跃时期持续约 3 个月,但 2003 年以来,咸潮活跃时期持续约 7 个月,咸潮超标(盐度达到或超过 250 毫克/升)的天数和每天超标的时数均有显著的上升趋势。1992 年以来,西江下游磨刀门河段的 7 次咸潮沿河道上溯距离越来越远,入侵范围不断增大,1989 年以来,珠江口有 9 个冬季出现咸潮,咸潮上溯距离比常年增加 10~15 千米。20 世纪 80 年代以前,咸潮的影响主要是农业,20 世纪 80 年代之后,咸潮的影响扩大到工业生产、城市生活和生态环境,2003 年的强咸潮造成一大批工业企业生产用水受到不同程度的影响,经济损失巨大;广昌泵站泵机连续 29 天无法开动,三灶等部分地区 40 多天几乎无水可供;珠江西四口门各入海河道上游优势植物群落已由喜淡水植物变为广适性植物,咸潮已成为威胁珠三角地区用水安全的"心腹大患"之一。{8.3,图 SPM.5}

海平面持续上升(高信度),珠江流域枯水期降水和径流减少,咸潮上溯增强(中等信度)。预计 2050 年和 21 世纪末珠江沿岸海平面分别上升约 175 毫米和 500 毫米。如果海平面不上升,珠江八口门咸潮平均上溯距离为 20.1 千米;如果海平面上升 300 毫米、500 毫米和 900 毫米,珠江八口门咸潮平均上溯距离分别增加 0.8 千米、1.6 千米和 2.7 千米,珠三角地区受咸潮影响的人数将分别增加约 16 万人、32 万人和 54 万人。尽管未来珠江流域降水增加或减少的不确定性较大,但是未来珠江流域降水的波动性将增大,枯水期降水和径流将减少,可能导致降水少的年份枯水期咸潮的加剧。在75%频率上游来水流量下,珠江八口门咸潮平均上溯距离为29.3千米,当75%频率的流量减少10%时,八口门咸潮平均上溯距离增加到30.8千米,当75%频率的流量减少30%时,八口门咸潮平均上溯距离增加到33.0千米。{8.4,图SPM.5,图SPM.6}

		咸潮上溯		南海岛礁安全		华南区域人群健康		华南区域旅游	
		观测到	未来可能	观测到	未来可能	观测到	未来可能	观测到	未来可能
危险因子	季节干旱	●●●	●●	台风强度 ●●● ●●		高温热浪 ●●● ●●		气候舒适度 ●●● ●●	
	枯期径流	●●●	●●	风暴潮强度 ●●● ●●		极端低温 ●●● ●●		海平面高度 ●●● ●●	
	海平面高度	●●●	●●	海平面高度 ●●● ●●		暴雨洪涝 ●●● ●●		台风强度 ●●● ●●	
	发生频率	●●●	●●	海水温度 ●●● ●●		灰霾 ●●● ●●		风暴潮强度 ●●● ●●	
	活跃持续	●●●	●●	海水酸化 ●●● ●●		臭氧浓度 ●●● ●●		暴雨洪涝 ●●● ●●	
	上溯距离	●●●	●●					寒冷天气 ●●● ●●	
影响或风险	农业	●●●	●●●	岛屿淹没 ●●● ●●●		中暑 ●●● ●●●		客流增幅难度 ●●● ●●●	
	工业	●●●	●●●	岛礁争端 ●●● ●●●		寒冷致死 ●●● ●●●		海岛和森林生态旅游 ●●● ●●●	
	城市	●●●	●●●	生物多样性 ●●● ●●●		心脑血管发病 ●●● ●●●		华南滨海生物景观 ●●● ●●●	
	生态	●●●	●●●	航运安全 ●●● ●●●		肺癌 ●●● ●●●		游赏时机把握难度 ●●● ●●●	
				能源通道 ●●● ●●●		疟疾流行 ●●● ●●●		旅游成本 ●●● ●●●	
						登革热发病 ●●● ●●●		旅游安全 ●●● ●●●	

图例						
危险因子		增加		减少		增加或减少
影响或风险		加重/加大		减轻/减小		加重或减轻
可信度	●●●	高	●●	中	●	低
其它		未评估		格式填充		

图SPM.5 观测到的气候变化影响和未来风险

4.2 应对策略和措施选择

强化顶层设计和制度保障。①加快编制粤港澳大湾区水安全保障规划,统筹解决粤港澳大湾区水资源、水生态、水环境、水灾害问题;②加快修编珠江河口综合治理规划,增加珠江河口御咸、蓄淡、引水、泄洪、纳潮功能;③全力推进《珠江水量调度条例》立法,建立珠江流域水量调度长效机制。

健全预警响应机制。①建立基于先进设备的咸潮监测网络,研发咸潮预报模型和预警系统,强化咸潮预警会商;②编制咸潮预警应急响应预案,制订咸潮预警级别、启动条件和响

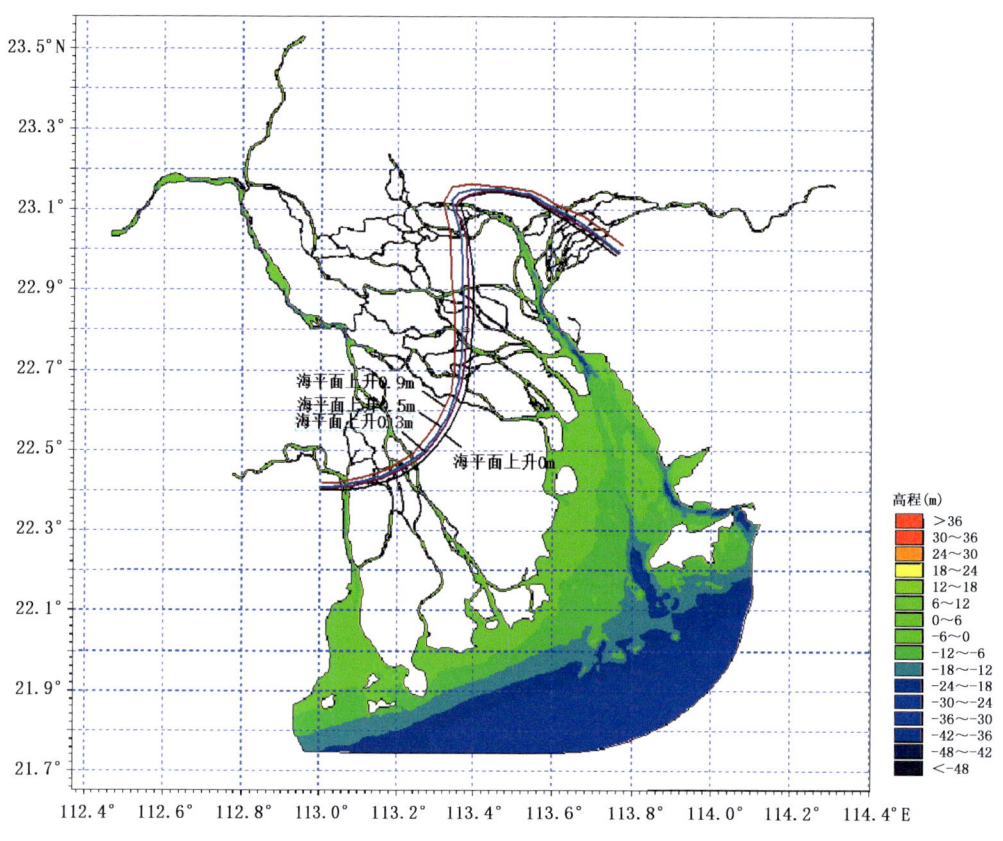

图 SPM.6　海平面升高 0 毫米、300 毫米、500 毫米、900 毫米时 250 毫克/升咸度线上溯范围

应行动,明确各相关单位职责。

科学配置水资源。①加快西江控制性工程大藤峡水利枢纽建设,形成由大藤峡与龙滩、百色、天生桥、飞来峡等骨干枢纽组成的流域水资源统一调配保障工程体系和流域水资源合理配置格局;②前蓄后补。抓住汛末和汛后洪水资源,努力为后期集中补水储备充足的水资源。

优化调水压咸技术。①完善"月计划、旬调度、周调整、日跟踪"调水方式;②采用"避涨压退"调度技术,根据咸潮上溯的强弱,减少或加大骨干水库发电出库流量,充分利用发电水压制咸潮;③采用"动态控制"技术,根据上游来水的丰枯,及时调整调度控制模式,动态调整西江梧州断面流量。

5 气候变化对南海岛礁安全的影响

南海岛礁众多,在全球气候变化背景下,南海海洋气象灾害多发、海平面上升加剧、海洋环境改变等使得南海诸多岛礁的"安全"受到极大的威胁。评估气候变化对南海岛礁安全的影响,可为有效保障南海船舶航行、能源运输、资源开发、军事活动,维护海洋权益奠定科学基础。

5.1 影响和风险

南海海平面加速上升,强台风和风暴潮增多,威胁岛礁安全和生态环境(高信度)。南海海平面加速上升的趋势明显,海平面上升速率1925—2010年为2.1毫米/年,1970—2010年为2.5毫米/年,1980—2017年为3.4毫米/年。1949—2013年南海热带气旋频数变化趋势不显著,但2005年以后,频数增多,强度增强,季节长度增加;2006年5月登陆广东的台风"珍珠",在南海呈罕见的90度大拐弯,路径奇特;2014年7月超强台风"威马逊"三次登陆华南,异常路径和强热带气旋增多增加了热带气旋预测、防御和南海维权的难度。南海致灾风暴潮发生频率由1989—1999年平均每年2.1次增加到2011—2017年平均每年4.0次,增加近一倍。海平面上升和强台风、风暴潮对岛礁构成严重威胁。中建岛面积由2010年的1.5平方千米缩小到2018年的1.2平方千米,面积缩小近20%。气候变暖导致南海海温升高、海水酸化、海洋生态系统恶化。2003—2015年中国南海及邻近海域年海表温度呈现震荡上升趋势,上升速率约0.4℃/10年;三亚湾海水pH从2001年平均8.30以上下降到2010年的8.07,快于全球平均海洋酸化速率;西沙群岛永兴岛珊瑚覆盖度从1980年的90%下降到2008—2009年的10%;南海沿岸红树林面积减少约一半,珊瑚礁数量减少约70%,座头鲸、蓝鲸、长须鲸等已基本绝迹。{9.2,图SPM.6,图SPM.7}

台风风暴潮增强,海水变暖和酸化加剧,岛礁淹没和安全风险加大(中等信度)。随着气候和海表变暖,上层大气和海表之间的温度差将变大,台风强度随之增加。预计2100年风暴潮强度将上升2%~11%,发生频率将增加6%~34%。赤湾站当前100年一遇的最高潮位为2.34米,在未来海平面上升的情景下,出现2.34米的潮位高度变得非常频繁,到21世纪末将变为约15年一遇(RCP2.6)甚至2年一遇(RCP8.5)。在RCP4.5中等温室气体排放情景下,相对于1980—2005年,21世纪末南海海表升温幅度可能超过1.4℃,海水pH降

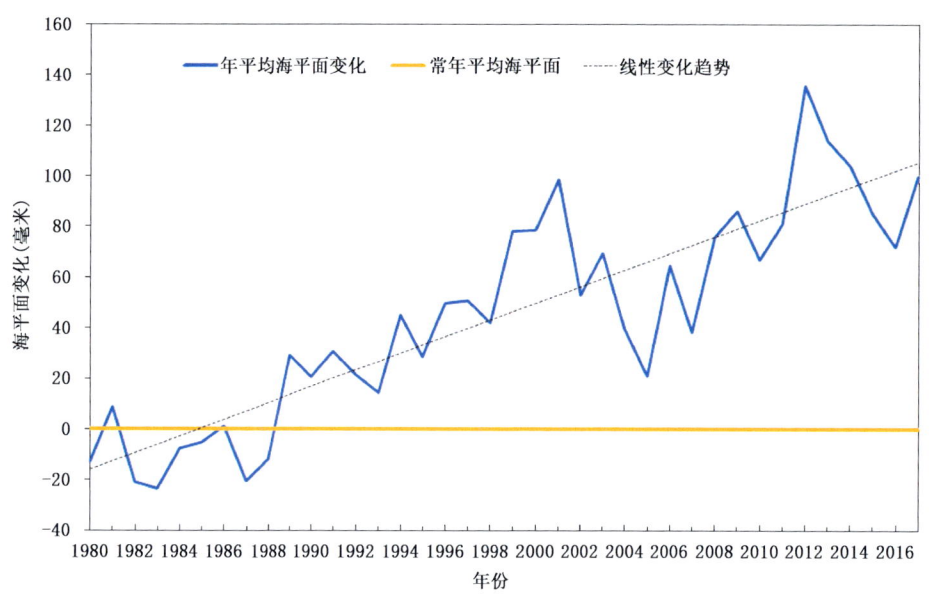

图 SPM.7 1980—2017 年南海沿海海平面变化（相对于常年平均海平面）

低幅度可能超过 0.15，海水变暖和酸化将对海洋生态系统产生难以估量的影响（高信度）。海平面上升将导致大陆、岛屿海岸线发生变化，部分岛屿被淹没或变为岛礁，改变沿海各国的领海、毗连区、专属经济区范围，可能促使南海海洋权益争端恶化和升级，我国南沙群岛将面临更高的岛礁争端风险（高信度）。海洋气象环境的变化和台风风暴潮的增强将威胁港口和货运船舶的航行安全，给能源运输安全带来严重影响，甚至威胁社会安全。{9.3，图SPM.5}

5.2 应对策略和措施选择

制定岛礁保护和开发规划。①充分考虑气候变化风险，编制南海岛礁保护和开发规划，强化海岛分类分区管理；②按照生态保育类、权益维护类、生态景观类、宜居宜游类、科技支撑类等不同功能定位，加快生态岛礁工程建设；③营造保护海岛、爱护海岛的氛围，提升全民海岛保护意识。

提升岛礁防护能力。①在海岸工程建设前，应充分考虑海平面上升因素对工程建设的影响，开展海平面上升风险抵御能力评估；②岛礁防护工程的设计高程应充分考虑气候变化和海平面上升因素，提高防护设施的设计标准；③建设防波堤、防潮堤、沿海防护林等岛礁防护工程。

提高灾害应急能力。①完善海洋灾害应急预案，创新灾害预警多部门应急联动机制；②强化陆海空天立体监测，改进精细化海洋数值预报模式，提升海洋灾害监测预报能力；③有效利用各级突发事件预警信息发布平台，实现重大海洋灾害预警信息的精准快速发布和广泛传播。

6 气候变化对华南区域人群健康的影响

气候变化可通过各种直接、间接途径和复杂机制影响人群健康。气候变化引发的热浪频发和热带媒介传染疾病上升等问题,已成为华南各级政府、全社会关注的焦点。评估气候变化对华南区域人群健康的影响,可为制定切实可行的区域公共卫生政策,提高风险预测和突发事件应急处置能力,避免或降低气候变化导致的人体健康危害提供科学依据。

6.1 影响和风险

气候变化引发高温热浪、洪涝等极端天气气候事件增多,导致损伤、死亡及疾病发生,增加气候敏感型疾病的传播范围和程度(高信度)。1961—2017年,华南区域超过35 ℃的高温日数以2.1天/10年的速率显著增加,1998年以来平均每年的高温日数在20天以上;21世纪以来,低温寒潮事件增多,"0506"等珠江流域大洪水影响巨大。20世纪60年代以来,华南区域灰霾日数以6.3天/10年的速率显著上升,但2007年之后有明显减少趋势;2006—2012年,珠三角地区臭氧浓度上升了13%。当日平均气温高于26.4 ℃时,气温每升高1 ℃,广州全死因人群死亡数累计上升1.9%。2004年6月底至7月初的热浪导致广州39人因高温中暑死亡,2006—2011年热浪期间广州住院人数增加2.6%。2008年的低温寒潮导致广州、南雄和台山三个城市居民非意外超额死亡率分别增加42.7%、52.1%和35.3%。1994年7月的洪水,导致佛山三水区西南镇江心洲的居民钩端螺旋体疾病罹患率高达1.93%。在华南一些山区,疟疾向山区高海拔蔓延。气候变暖已使海南省三亚市完全具备了登革热终年流行的温度条件,1997—2012年华南地区全年适于登革热传播的日数、终年流行区面积分别较1961—1996年增加10天、408平方千米。SARS暴发与气温呈显著负相关,SARS暴发前后均有明显冷空气活动,低温高湿有利于禽流感的发生和传播(中等信度)。灰霾日数与人群心血管疾病发病率、心脑血管疾病和肺癌死亡率均呈显著正相关。臭氧污染与人群心血管疾病住院病人数、居民死亡风险也有显著的正相关性。{10.2,图SPM.5}

未来气候变化将进一步加剧对人群健康的影响(中等信度)。气候变化引起气温和降水改变,极端气候事件频发,可直接引起疾病发生和人员伤亡;气候变化影响自然环境,使自然生态系统恶化或病原体孳生,粮食、水资源短缺,可间接影响人群健康。珠三角城市群将面临更加频繁、更加强烈的热浪,从而增加热相关疾病和死亡,老人、儿童及病人等脆弱人群风险更大。冬季气温变率进一步增大,可能导致阶段性极端低温天气事件的增多,从而增加冷相关疾病。极端降水和洪涝概率的增加,可能加大水资源污染、传染病等对人群的危害。气候变暖进一步加大疟疾、登革热的传播风险。研究表明,温度上升1 ℃,恶性疟传播潜势可增加60%以上,传播季节可延长约1个月,登革热的潜在传染危险将增加31‰~47‰。在RCP4.5中等排放情景下,到21世纪中期华南全年适于登革热传播流行的日数和终年流行区面积将分别增加15天和5436平方千米。极端降水和洪涝概率的增加,可能扩大血吸虫病流行区范围,加重流行程度。气候变暖可通过影响大气环境质量,增加人群呼吸系统疾病、眼睛炎症、皮肤癌的发病率。{10.3,图SPM.5}

6.2 应对策略和措施选择

加强人群健康气候风险监测预警。 ①加强疟疾、登革热等气候敏感疾病潜在流行区的监测,以及高温、低温、霾等与人群健康相关的天气和极端气候事件的监测;②完善人群健康气候早期预警系统,发布人群健康气候预警信息。

高度重视脆弱性评估和科学研究。 ①加快推进气候变化与人群健康关系研究,建立气候变化与健康结局的指标、阈值和模型;②针对正在发生及未来可能发生的气候变化,评估区域人群的脆弱性,制作人群健康气候变化风险"一张图";③采取针对性防护措施,加强对敏感人群的保护。

强化协调合作和健康教育。 ①建立气候变化人群健康数据共享平台,建立跨部门适应气候变化工作机制;②加强跨学科协作,共同开展气候—环境—经济社会—健康影响交互作用研究;③加强公众自我保护意识与健康教育,提高极端天气气候下全民自身保护能力。

7 气候变化对华南区域旅游发展的影响

华南地形地貌景观独特,热带南亚热带风光优美,旅游业已成为华南产业转型升级的新引擎、经济社会发展的新支柱。旅游业是高度依赖气候环境的产业,气候变化对旅游业发展产生着现实和潜在的影响。为积极把握气候变化衍生的新型旅游资源,有效规避极端气候事件风险,促进旅游业可持续发展,亟待开展气候变化对华南区域旅游发展的影响评估。

7.1 影响和风险

气候舒适度下降和极端气候事件多发,影响旅游客流和旅游安全(高信度)。气候舒适度指数每下降1个单位,国内和入境旅游客流量将分别减少1.85万人次和35.26万人次。近30年来,广州、南宁、深圳、海口、三亚等华南主要旅游城市气候舒适度指数总体呈下降趋势,接待客流量呈减少趋势。气候变暖及其引发的海平面上升、台风强度增强、高温热浪,加剧了对海岛和森林生态旅游的影响,导致华南传统海岛旅游目的地的萎缩,珊瑚白化、海草床消失和红树林退化将华南滨海生物景观推至敏感的边缘,物候的提前或延后增加了游赏时机把握和旅游经营的难度。气候变暖增加了旅游景观资源的嗜热组分,在广州300多种园林植物中,外来热带树种已超过2/3的比重。高温热浪、寒冷天气、干旱主要通过降低气候舒适度,削弱大众旅游意愿;大雾、雪灾主要通过阻断交通,妨碍大众旅游出行;暴雨洪水、热带气旋、局地强对流天气(冰雹、龙卷风、雷电)破坏性强,危及大众旅游安全。2008年9月,强台风"黑格比"导致广西武鸣大明山风景区公路多处塌方。2014年7月,超强台风"威马逊"导致文昌、海口的景区接待设施、绿化树受损严重。2015年国庆黄金周期间,强台风"彩虹"导致旅游接待量明显下降,海南、广东同比分别下降近20.0%、7.8%。2008年初中国南方出现历史罕见的低温雨雪冰冻灾害,导致交通运输中断,大量旅游团队被迫取消,因灾客流损失量和损失率,广东分别为11.7万人和0.41%,广西分别为3.4万人和3.4%。{11.2,图SPM.5,图SPM.8}

气候变化对旅游资源、客流流向和旅游成本产生显著影响,加剧区域旅游风险(中等信度)。海平面上升将淹没岛屿,侵蚀沙滩,危及红树林和珊瑚礁的生存,提前或延迟物候,引起自然景观的改变和生物多样性的减少,从而影响旅游资源的数量和质量。应对气候变化

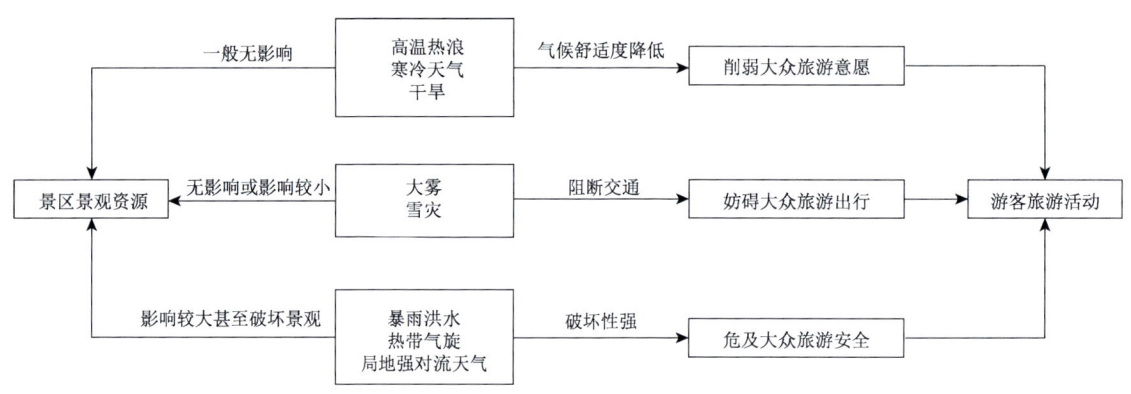

图 SPM.8　极端天气气候事件类型及其对旅游的影响机制变化

相关的国际航空碳税政策改变,将增加出境旅游成本,旅游客流可能转向国内客流为主。气候变暖将使华南区域冬季"避寒"旅游呈上升趋势,而夏季"避暑"旅游则呈下降趋势。气候变化导致的极端天气事件频发和传染性疾病的传播将使人们对外出旅游产生恐惧心理,减少人们对旅游的心理需求。海平面上升和风暴潮的增多,将提高海滨度假和滨海旅游产品开发要求。气候变化加剧海岸侵蚀,影响旅游基础设施的使用寿命,提高维护成本,增加管理的难度;气候变化将直接导致旅游保险成本增加,加重游客花费,对出游率造成一定负面影响。{11.3,图 SPM.5}

7.2　应对策略和措施选择

强化风险认识和避险规划。①开展气候变化旅游风险评估,增强全行业对气候变化风险的认识;②细化旅游发展规划中的防灾规划,将气候变化的因素纳入到各级旅游发展规划中;③贯彻应对不同情况的防灾应急预案,建立规范、全面的旅游灾害防控应对体系。

积极把握气候变化的有利因素。①挖掘、利用和整合因气候变化衍生的新型旅游资源;②积极开发与气候因素密切相关的新型旅游产品;③充分利用气候变暖延长的冬季适游期,加强引导客源流向。

提高旅游灾害防控能力。①加强海滨、山岳旅游开发的气候可行性论证,推进沿海堤坝、游山步道和护栏等旅游安全设施建设;②加强节假日、旅游旺季灾害预报,限制开放与季节或者气候不相适应的游乐设备和场所;③推进旅游保险,创新保险品种,增加保险覆盖面。

附录
重要概念

气候变化：气候系统状态在数十年或百年甚至更长时间尺度上的变化，而且这种变化可以通过其特征的平均值和/或变率的变化予以识别。

气候变化评估：对特定地区在某段时期气候状态的改变及其自然和人为原因进行辨识、分析和评价过程。

气候变化预估：根据一些假设条件对未来的气候演化趋势及其可能性的判断，特指依据不同的温室气体和气溶胶排放或大气浓度的可能情景，利用气候模式对未来十几年到上百年的气候变化趋势的模拟和分析。

季节：采用气象季节划分方法，即上年12月至当年2月为冬季、3—5月为春季、6—8月为夏季、9—11月为秋季。

距平：气候要素值与多年平均值的偏差，高于平均值为正距平，低于平均值为负距平。

极端天气气候事件：天气或气候变量值高于（或低于）该变量观测值区间的上限（或下限）端附近的某一阈值时的事件，其发生概率一般小于10%。

灾害风险：致灾性事件的发生概率及其可能的不利结果。

均一性：均一性的气候资料是指测站得到的气候资料序列仅仅是气候实际变化的反映，它只反映大气环境变化的信息。但在气候资料观测过程中，由于台站迁移等非气候因素的影响，导致了资料序列中的非均一性。

汛期：流域内由于季节性降水集中，导致河水在一年中显著上涨的时期。华南汛期分为前汛期、后汛期。前汛期指4—6月出现的多雨时期，降水过程主要与冷暖空气的交绥以及华南低空西南急流有关。后汛期指7—9月出现的多雨时期，降水主要与台风、热带辐合带等热带天气系统影响有关。

热带气旋：生成于热带或副热带洋面上，具有有组织的对流和确定气旋性环流的非锋面性涡旋的统称。包括热带低压、热带风暴、强热带风暴、台风（强台风和超强台风）的统称。

霾：悬浮在空中肉眼无法分辨的大量微粒，使水平能见度小于10千米的天气现象。华南区域将受到人类活动显著影响的霾称为灰霾。当日能见度＜10千米，日平均相对湿度≤90%时为一个灰霾日。

风暴潮：由热带气旋、温带气旋、海上飑线的强风作用和气压骤变而引起叠加在天文潮位之上的海面异常升高现象。

海岸侵蚀：在海岸和海洋动力作用下，使海岸后退所造成的灾害。

海平面上升：一般指由于全球变暖使海洋体积改变而导致的全球海平面上升。

径流量：一定时段内通过某一河流断面的水量。

珊瑚白化：由于全球气候变暖，海水温度升高，使为珊瑚虫提供营养的共生虫黄藻大量离去或死亡，而导致珊瑚的白化和死亡现象。

物候：植物在一年的生长中，随着气候的季节性变化而发生的萌芽、抽枝、展叶、开花、结实及落叶、休眠等规律性变化的现象。

咸潮：冬末春初上游来水量减少，江河水位下降，受潮汐影响，海水沿河口上溯，造成内河水体因含盐量升高而变咸的现象。

致 谢

感谢中国气象局气候变化专项(CCSF201812、CCSF201912、CCSF202012)、国家重点研发计划(2018YFA0606200)、广东省气象局科技创新团队专项(201701)的支持;感谢评审专家,他们拨冗审阅了全文,并提出了很多中肯的意见和建议;感谢气象出版社的编辑,他们的耐心和热心,认真负责的专业精神是《决策者摘要》能高质量出版的保证。